CAN WE OVERCOME THE LOSS OF A PET?

「ペットロス」は乗りこえられますか？

心をささえる10のこと

濱野佐代子

10 WAYS THAT HEAL OUR HEARTS

角川書店

はじめに

「どのような慰めも役にたたない」
カウンセリングルームで涙を流す飼い主さんを前に、私は自分の不甲斐《ふがい》なさを痛感する時が多々あります。少しでも悲しみを和らげてほしい。けれど幾度となく大波のように襲ってくる飼い主さんの悲しみに、なすすべもありません。
ただ、唯一私にできること。それは誠心誠意飼い主さんと向き合い、その哀しみを一緒に追体験し、先の見えない荒野をマラソン伴走者のように、雨の日も嵐の日も共にあるだけです。

私は、大学で人とペットの関係やペットロスの研究をしています。また、獣医師、公認心理師、臨床心理士として、ペットを喪《うしな》ったご家族の心のケア（ペットロスカウンセリング）を行っています。

この本を手に取られた方は、大切なペットとのお別れを経験されたか、もしくはその予感を抱えていらっしゃる方かと思います。

どうしようもない悲しみや罪悪感に苛《さいな》まれ、誰にも相談できず、話してもなかなか理解してもらえない。

「この苦しみから逃れられる日はくるのか」

悲しみは果てしなく続く暗いトンネルのようで、出口が見いだせず絶望的なお気持ちかもしれません。また「救ってやれなかった」と深い後悔と共にご自身を責めていらっしゃるかもしれません。

その悲しみや戸惑いは、時に「ペットを亡くして、こんなひどい状態になってしまう自分はおかしいのか」と、不安な気持ちにもさせます。周りの友人や、家族にさえ理解されないと孤独を感じているかもしれません。

けれど、ペットとの別れは悲しみだけではありません。ペットとの愛情をあらためて強く実感することでもあるのです。そしてご自身の人間性が培われるきっかけにもなります。

そうはいっても、悲しみのただなかにいる飼い主さんにそんな風にすぐに受けとめていただくのは、大変難しいことだと十分理解しております。

しかしこれだけは断言できます。あなたは暗闇にひとりきりではありません。ずっと大切に愛してきたペットがいつも寄り添ってくれています。それは、飼い主さんが悲しみから抜け出し、再び歩くまで。そして、これからもずっと共に人生を歩んでくれるのです。

本書では、飼い主さんにペットとの別れが訪れた時に予測される感情や状態について、私の研究やペットロスカウンセリングの経験から、実際の事例を交えてできるだけ具体的に説いております。多くの飼い主さんにこの内容を理解していただき、それをご自分に落とし込んでいただくことで、飼い主さんの深い悲しみは和らぐ方向に向かい、喪ったペットとの関係を再び結んでいく手助けになるのです。

この本があなたの、その道程に寄り添えますよう、心から願っています。

TABLE OF CONTENTS

目次

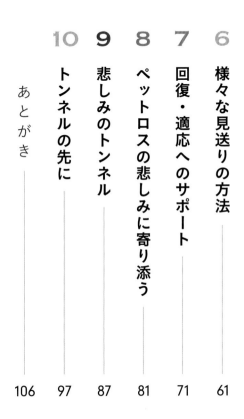

装丁・本文デザイン
青柳奈美
装画・本文挿画
くまくら珠美

1

THE HUMAN-COMPANION ANIMAL BOND

人とペットの絆

夕暮れ時、公園の地面であちらこちらに揺れ動く光が見えます。目をこらせば、散歩中の犬につけられたライトであることがわかります。暗がりで人や自転車にぶつからないようにという配慮でしょう。それらを見るたびに、飼い主さんのこまやかな愛情を感じます。また、ご高齢の飼い主さんの一歩前をリードにつながれた犬が先導して歩き、走り出したいのをこらえて後ろを何度も振り返る場面を見かけることもあります。その健気《けなげ》さに胸があたたかくなります。

飼い主さんが悲しい気持ちでいると、飼い猫が寄ってきて頬をぺろぺろと舐《な》めたというエピソードもあります。自分を慰めてくれていると思う飼い主。それは決して都合のいい解釈ではありません。飼い主の状態を読み取った動物がそれに合わせた行動をするという研究報告もあるのです。

人とペットの絆《きずな》は、ギブアンドテイクを超越した、相手に何も期待しない、まじりっけのない純粋な愛情で結ばれています。

近年、欧米を中心にペットとして飼われている犬や猫、エキゾチックアニマル（ウサギやモルモット、飼い鳥など）は、「コンパニオンアニマル（伴侶《はんりょ》動物）」と呼ばれるようになってきました。この呼び方からもわかるように、ペットは単なる動物や生き物ではなく家族の一員、人生を共にするパートナーとして認識されるようになっています。ただ、「コンパニオンアニマル」の名称は日本ではあまり使われていないため、本書では「ペット」のままお伝えします。

ペットと一緒に暮らすと、どのような良いことがあるのでしょう。

「一緒にいると癒《いや》される」「楽しい」「家庭がなごやかになる」「子どもの情操教育になる」「孤独感が軽減される」「生活リズムが整う」「運動不足が解消される」「必要とされていると感じる」など調査によって明らかにされていますが、多くの飼い主さんが感じていることばかりかと思います。

人間社会において、相手をそのまま受け入れ先入観を持たず接することは、ときに難しいことかもしれません。でもペットは、「無条件の愛」を与えてくれる存在です。飼い主が何者であろうと、無職であろうと肩書きや地位があろうと、関係ありません。

最近崩御されたイギリスのエリザベス女王のコーギー犬好きは有名です。犬たちは当然、女王という地位を理解して接しているわけではなく、女王もただのひとりの人間として接することができる犬たちとの交流を大切にしたのでしょう。ペットは、ありのままの自分を受け入れ愛してくれます。

ある刑務所では更生や矯正教育、社会復帰を目的として犬を育てる「プリズン・ドッグ」というプログラムがあります。罪を犯した青少年が、保護犬のトレーニングを行い、新しい飼い主に譲渡する活動です。保護犬に愛情を注ぎ、そして保護犬から愛情を受け取ります。

かつて衝動的で、忍耐力がなく人を傷つけ、罪を犯したとしても、犬たちは彼らに犯罪者のレッテルを貼りません。愛情を注いでくれる大好きな人として認識するだけです。青少年たちは犬たちの愛情を受けとめ、根気強くトレーニングを行うことで、責任感、忍耐力、思いやりを学ぶようになるのです。

飼い主とペットの関係は親子関係に似ているともいわれます。しかし、成長して将来の生活の面倒をみてくれるはずもない、永遠の子どものようなペットを見返りなしに一生涯養育する。血縁関係も生物の種も超えたその関係には、愛の源流を見たような気持ちになります。愛《いと》しいペットを覗《のぞ》き込む飼い主さんの微笑みは慈愛に満ち、ペットは深い信頼の目を飼い主に向ける。その周りはあたたかく平和な空気に包まれます。

一方で、人はペットから恩恵を受け取っています。それは学術的に「心理的効果」「身体的効果」「社会的効果」の三つがあるといわれています。

心理的効果は、心や気持ちに良い影響を与えることです。ペットと一緒にいると幸せな気持ちになったり、自尊心が高まったり、孤独感やストレスが軽減されるなどがあります。

身体的効果は、健康に良い影響があることです。血圧を下げたり、病気の原因になる血中コレステロールや血漿《けつしょう》トリグリセリドを減少させたりするなどです。

社会的効果は、ペットを介して他

者との関係が広がること、周囲との関係が円滑になることとです。たとえば、ペットのおかげで他の人と親しくなった、犬・猫友達ができた、家族間の喧嘩《けんか》が減ったり仲が良くなったなどです。

三つの効果は完全に独立するわけではなく、重なっているところがあったり、それぞれが影響しあったりしています。これらの効果をより強く増大させるのはペットとの愛情関係です。

人と犬の親密な関係を科学的に証明した先行研究がいくつもあります。調べたのは、脳の下垂体という部分から分泌されるオキシトシンホルモンです。一般的には、「幸せホルモン」「愛情ホルモン」といわれており、聞いたことがあるという方もいらっしゃるでしょう。幸福感や愛情、信頼関係に良い影響を及ぼします。飼い主さんとそのペットが交流した時に、両方のオキシトシンが増加しました。ペットといると幸せな気持ちになる、癒されるということが科学的にも証明されたのです。

あなたにとってペットはどのような存在ですか？　家族のような、きょうだいのような、子どものような、親友のような？　前にも書きましたが、多くの飼い主さんがペットは家族、とりわけ子どものような存在と感じています。ペットは子どものように、身の回りの世話が必要ですし、その生涯に飼い主は責任を持たなければならないからです。また、両者のコミュニケーションの方法が保護者と小さな子どもとのやりとりに似ていることも、理由のひとつです。飼い主はペットに対してわが子のように無償の愛を注ぎます。そして同等、いやそれ以上に、ペットは無条件の愛を飼い主に還《かえ》します。

ところが、人間の子どもとは異なりペットは急速に年老いていき、いつしか飼い主さんの年齢（相当）を追い越していきます。

「以前はソファに飛び乗っていたのに」

「階段をかけ上がっていたのに」

「歩くのも速かったのに」

だんだんとできなくなることが増えていきます。

飼い主にとってはいつまでも子どものような、年を重ねても無邪気な存在が、たとえ老齢であったとしても、自分より先に亡くなることは想像すらできません。だからこそ実際に目の前で亡くした時は、計り知れない悲しみに襲われるのです。

「ペットロス」という言葉をもちろん、ご存じかと思います。しかし、この言葉を誤解している人もいます。

「あの人はペットロスになってしまった」

「あの人はペットに依存しているから、ペットロスになってしまうかも」

このような言い方をされると、特別な飼い主だけがなってしまう「病気」のような印象を受けてしまいます。しかし、ペットロスは病気ではないし、特別な人だけが陥るものでもなく、ペットを大切にしている飼い主であれば誰にでも起こりうることなのです。

ペットロスとは、愛情を注いでいるペットと死別した時や生き別れた時に経験する、苦痛に満ちた深い悲しみのことをいうのです。そして、ペットを喪《うしな》ったことが原因で起こる、様々な心身の反応や不調、その経過のことをいいます。これらの喪失に伴う反応や症状を悲嘆（グリーフ）といいます。グリーフはペットを喪うかもしれない状況、つまりペットの余命を知り、ペットを喪うことを予期し不安を感じ始めた瞬間から始まっています。

大切な人やペットを喪失した時には、同じような悲嘆のプロセスをたどるといわれています。

どのくらいその存在を大切にしていたかがグリーフに影響するので、そういう意味では、対象が**人であろうとペットであろうと差異はありません**。ペットを家族とみなしているのであれば、大切な人を亡くした時と同じような悲しみがおとずれるのです。

「人とペットでは、亡くした時の事の重大さが違う」

このような議論がしばしばなされることがありますが、それは無意味だといわざるをえません。

たとえば、父親を亡くした時と、母親を亡くした時の悲しみを比較できるでしょうか。それは個々で違う、故人との関係性によって変わるとしかいいようがなく、どちらも愛していれば比べようもないことなのです。

愛情が深ければ深いほど、悲しみも深くなります。つまり、その**深い悲しみや心の痛みはペットに注いでいる愛情の証《あかし》ともいえます。**

2

GUILT AND MANIFESTATIONS

後悔と心身の不調

ペットとの別離には、死別と生き別れがあります。死別の原因には、老衰、病死、事故死、安楽死があります。生き別れには、飼い主の生活状況の変化や身体上の問題などで飼えなくなった場合、ペットが行方不明になってしまう場合などがあります。

病死といってもひとくくりにはできません。長く患っていた場合、短期間で亡くなった場合、病気の種類も様々です。この闘病期間の長さも死別の悲しみに影響します。その期間は図らずもペットの死を迎える心の準備期間になります。それは死を予期させ覚悟させせられる時間でもあるのです。闘病期間に飼い主さんが納得のいく獣医療をペットに受けさせ、十分な看護や介護を行うことが、後悔を軽減するといわれます。そのため、突然亡くした場合は死に対する心の準備ができていません。突如関係が断ち切られ、「信じられない」という気持ちと衝撃が他の亡くし方よりも強くなると考えられます。

しかし矛盾したことをいえば、十分な獣医療を施し、寝る間を惜しんで介護をしていたとしても後悔はつきません。なぜならば飼い主のいちばんの願いは、いうまでもなくペットの病気が治癒し共に生きることであるからです。

一方、獣医療では、選択肢のひとつに安楽死があります。獣医師がペットの病状やクオリティ・オブ・ライフ、治療の限界などを考慮して安楽死の選択肢を提示しますが、最終的には飼い主が決定します。重大で引き返せない決断になりますので、信頼関係を築いている獣医師から十分に説明を受け、疑問が生じた場合は理解できるまで話し合います。特に重要なことは、安楽死を選ぶか否かの意見を家族全員で一致させる必要があります。

安楽死が最適な選択であったとしても、ペットは自分の治療

に関して意思を示すことはできないので、その選択がペットの望みであったかどうかはわかりません。飼い主が責任を引き受けることになります。

だからこそ、

「本当に安楽死でよかったのか」

と、答えの出ない自問自答をくり返す飼い主さんもいるのです。

「ペットが天寿を全うする」ということを、多くの人が理想としているので、その真逆の「安楽死」に対しては、否定的に思われる方もいるかもしれません。それがまた飼い主の中に、「悔い」として残されて小さな波大きな波となって幾度となく打ち寄せ苦しめます。

「もっと生かしてあげられれば」

「もっと他の治療もしてあげればよかったんじゃないか」

もっと、もっと……。

周囲からは十分にやってあげていたように見えても、飼い主の後悔はつきません。保護しなければならないのに自分のせいで喪《うしな》った、その罪悪感さえ持つといわれます。

しかし、そのような後悔や自責の念を抱いている飼い主さんこそ、責任感が強くペットのために献身的に尽くしていた方なのです。

「とにかく涙が止まらない」
「やる気がなくなり、会社を欠勤した」
「人とコミュニケーションがとれなくなった」
「胸に悲しみが詰まって、苦しくて吐きそう」
「ひとりになるのが怖い」

「立っていられなくなる」
「自分の人生が無駄な気がする」

これらは実際に私が飼い主さんたちから聞いた言葉です。

泣く、眠れない、食欲がなくなる、頭痛がする、胃の痛みや吐き気がする、胸が締めつけられる、喉《のど》が詰まるなど、身体の不調を訴えたり、悲しみ、怒り、自責感情、憂うつ、孤独、無力感などの心の痛みを訴える方もいます。他にはひとりになりたい、頭が混乱する、集中できないなどもしばしば報告されています。

この中には一見、ペットロスが原因とは思えない症状もあります。また、飼い主自身も気づかないことさえあるので注意が必要です。

ある男性は、食欲が落ち、眠れず、無力感や罪悪感に苛《さいな》まれていました。身体的な病気は見つからず原因不明でしたがよくよく話を聞いてみると、これらの不調はペットが亡くなったことに起因することが判明し、本人も信じられずに驚いていました。この男性の場合、ペットが死んだくらいで男が泣いてはいけない、といった考えが悲しみを表現しづらくさせてしまい、自身が無意識のうちに悲しむことを許さなかったので、ますます辛《つら》くなっていったようです。実際はペットを喪ったことで精神的に落ち込み、身体的な不調につながってしまっていたのです。

MEMORY

3

THE GRIEVING PROCESS

ペットロスの悲嘆のプロセス

愛するペットとの別れに遭うと、どのような悲嘆のプロセスをたどるのでしょう。これまでの研究や知見などの結果をまとめて説明していきます。

ペットが亡くなった時、多くの飼い主さんは咄嗟《とっさ》にこう思います。

「信じられない（信じたくない）」と。

ペットの死は受け入れ難く、ペットが亡くなった事実を否定したい心境になります。同時に、ショックのあまり何も考えられない、または何も感じられない放心状態に陥ります。それは、ペットが重篤な病気であると告知された場合も同様の心のメカニズムが働きます。

これらの心の動きは正常な反応であり、ペットを喪《うしな》った事実を否認することにより、心が壊れることを防ごうとしているのです。

「本当に死んでしまったのか」

けれども、ペットはこの世にいないという現実を否認する気持ちは、徐々に認める（認めざるをえない）方向に向いていきます。あるいは、ペットの最期の瞬間がフラッシュバックのように鮮明に蘇《よみがえ》り、その場面へと引き戻され苦しめられます。切り裂かれるような心の痛みから逃れるために、ペットが死んだ事実を否認し、束の間の安息を得ようとする。そのようなことを繰り返す。

「自分の命を十年削ってもいいから、あの子の命を一年取り戻したい」

亡くなったペットを何とか取り戻そうという気持ちも湧いてきます。

「もういないというその現実に、どうしようもなく悲しくなる」

「あの子の傍にいきたいと思ってしまう」

「もう一度だけ、抱きしめたい」

ようやく現実を認め、ペットがいない生活を受け入れようとしても引き戻され、再び心に痛みが襲ってくる。ペットを亡くした現実を認めることは、悲しみが和らいでいく回復・適応のプロセスに向かうために必要なことなのですが、反面、ペットとの別れを強く意識することだともいえます。飼い主さんにとっては、いちばん辛《つら》い時間です。

また、ペットを喪った人は周囲に怒りを感じたり、自分を責める怒りに襲われることもあります。2章の「後悔と心身の不調」でも記しましたが、どれだけペットに尽くしていたとしても、ほとんどの人が罪悪感や自責の念を抱きます。

「傍《そば》にいることが当たり前だと思っていた。いちばん大切なことだったのに」

「もっと大切にしなければいけなかった。おざなりにしていた自分が許せない」

これらは実際、ペットを亡くした方から聞いた言葉です。

子どものような存在のペットを自分が助けてやれず守ってやれなかった、と自身を責めます。これらの怒りや自分を責める気持ちは、抑うつ徴候と関連しているといわれます。抑うつとは、気分が落ち込み、憂う

つになり、何もやる気がなくなってしまうことです。

悲しみ、心の痛み、落胆、絶望などの感情を抱いたり、体調不良になったり、うまく考えることができなかったり、周りの人とコミュニケーションがとれなくなったりします。亡くなったペットを何とか取り戻したい（現実的には難しいことなのですが）、という考えで頭がいっぱいになる人もいます。

なぜこのように苦しむのか。愛情を注がなければ、飼わなければ、こんなに悲しまなくてもよかったのではないのか。苦しみのあまりペットと一緒に暮らした日々さえも否定したくなります。

ペットのことを思い、泣いたり悲しんだりする。同時に、ペットのいない日常に少しずつ慣れて生活を続けていく。また悲しむ。

この悲しみに向き合うグリーフワークのプロセスと、新たな生活に向かう回復のプロセス、この二つのプロセスを揺らぎながら行ったり来たりします。それは人によって数週間だったり、数ヶ月だったり、数年かかったり、前述のように喪失の原因や闘病の期間も関係するので様々です。

愛情を注げば注いだ分だけ悲しみも深くなります。

けれどペットに精一杯愛情を注いで、一緒に幸福な日々を過ごしたことこそが、あなたの悲しみを和らげてくれるのです。

悲しみと悔しさ、寂しさや切なさの混沌《こんとん》とした世界で、苦悩しながらも自分とペットだけの特別な物語を紡ぎ、関係を再び結びなおしていくのです。

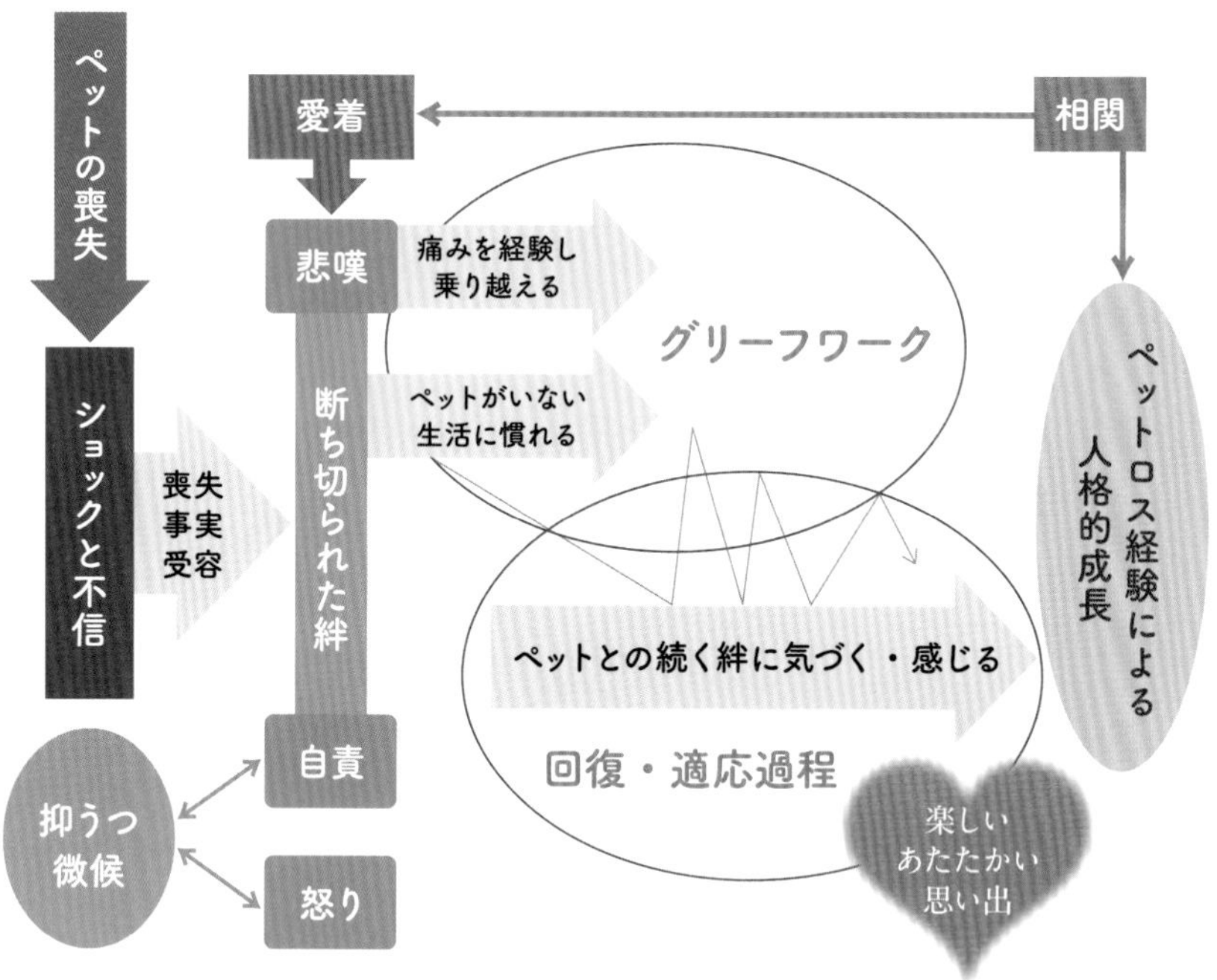

図１　ペットロスの悲哀の過程
自著『人とペットの心理学　コンパニオンアニマルとの出会いから別れ』（125ページ）を元に作成

4

DISENFRANCHISED GRIEF

世の中に
認識されにくい悲しみ

ペットロスの悲嘆は、世の中に認識されにくい悲しみのひとつといわれています。飼い主がどれほど哀しみに暮れても、世間一般には単なる動物の死と捉《とら》えられ、理解してもらえず、公に悲しみを表現できない空気が生まれてしまいます。

そのため、サポートを受けにくいという特徴もあります。

「ペットが死んだくらいで」

なにげないひとことが飼い主の悲しみをさらに大きくします。

また、それよりは理解があり、元気づけようとしてかけられる、

「そんなに悲しんでいると○○ちゃん（ペット）が悲しむよ」

「使っていたものは（思い出さないように）、早く片付けた方がいいよ」という言葉。

　時にはさらに飼い主さんを追い詰めることにもなります。周囲の人には配慮していただきたいことです。たとえ信頼している友人に打ち明けても、なかなか理解してもらえずもどかしい思いをすることもあると聞きます。亡くした直後は周囲も理解してくれていても、月日が過ぎていくとだんだんと、いつまでもつきあ

えないというような態度をとられるそうで、近しい関係の人たちからそのような態度をとられると、どうしたらよいのか、誰に相談したらよいのか飼い主さんは困惑してしまいます。

「他の家族はとうに立ち直った。私だけがおかしいのか」

家族間でも悲しみの程度に差がある場合もあります。家族ならではの無遠慮な態度にさらに追い詰められてしまいます。次のペットを迎えるかどうかなどにも温度差が生じ、理解が得られず孤立してしまう場合もあります。

愛情を注いでいるペットを喪《うしな》って悲しむのは当然のことです。悲しみに暮れる期間もまちまちです。それはペットを愛していたがゆえの悲しみ、心の痛みなのです。ペットのことを忘れる必要はありませんし、悲しみを抱えていてもいいのです。ペットに関する物を無理やり片付ける必要もありません。

飼い主さんとペットの関係性が十人十色のように、悲しみとの向き合い方もそれぞれなのです。

5

RESTORATION AND ACCEPTANCE

ペットロスからの「回復・適応」とは

大切なペットを亡くした人の多くが時間の経過と共に回復し、あらたな生活に適応していきます。ここでいう「回復・適応」とは、「ペットを亡くしたことを思い出すと悲しみや苦痛に圧倒されたり、生活に支障が出たりする状態」を脱して「あらたな生活を歩んでいけるようになる」ことです。

しかしごくわずかですが、注意が必要な正常範囲を超えた悲嘆もあります。「持続性複雑死別障害（DSM-V）」といい、親しい関係にあった人の喪失を経験し、十二ヶ月経過しても、故人への持続的な思慕、深い悲しみと情動的苦痛、故人へのとらわれ、その死の状況へのとらわれの少なくともひとつがある日のほうがない日よりも多く、精神科の臨床的に意味のある程度で続いており、亡くなった人に過度にとらわれて、圧倒されるような苦痛が持続、生活機能の能力に支障をきたしている状態です。このような場合は、心の専門職（精神科医、臨床心理士、公認心理師など）に相談したほうがよいでしょう。

正常な悲嘆であっても回復・適応までの時間は様々です。人や状況によって喪失の悲嘆の始まりと終わりがはっきりしないからです。正常な悲嘆の場合も数日から数週間、中には何ヶ月も何年も続く場合があります。それゆえ、何年もたったのにまだ悲しんでいる、と自他共に責めるのは適切ではないのです。

正常な悲嘆の場合は、特別なケアをしなくとも自分自身に備わった回復する力で悲嘆から抜け出していきます。しかし、周囲の理解やサポートがあるかないかで、その悲しみは軽減されたり増幅されたりもします。

ペットを喪った後、特に見守りが必要なのが一ヶ月、悲しみが和らいでいくのが一～二年、ひと区切りつくのは四～五年と考えられています。

ただし、回復・適応したからといって悲しみが消えるわけではありません。喪失の悲しみを幸せな思い出と共に、心の中に包み込んで生きていけるようになることだと思います。

飼い主たちはペットロスに関連することについて自分なりに、折り合いをつけて回復・適応に向かいます。

折り合いのつけ方は様々です。しかたなかったと納得する、これでよかったのだと納得する、納得のいくまで行動する、納得のいかないままでいる、そのことに蓋《ふた》をして考えないようにする。正解はないですし、それぞれ合点がいくやり方でいいと思います。

獣医療や看取《みと》りに納得のいかない方は、何度もそのことを反芻《はんすう》します。違う治療法があったのではないか、別の動物病院に行けばよかったなど。時に獣医療従事者への怒りに支配される場合もあります。また、インターネットや書物などで調べたり、担当獣医師に直接問い合わせたり、いろいろな方法でなんとか自分を納得させようとします。

思いや捉《とら》え方が変化することもあります。

ある飼い主さんは治療に不信感を抱いていたけれど、再び動物病院を訪れた時に担当獣医師が、自分の疑問に真摯《しんし》に答えてくれたことで、誠意をもって治療してくれ臨終の際に寄り添ってくれたことに思い至り、怒りが溶けていったというケースもありました。

臨終の状況や飼い主さんの状態にもよりますが、ペットを最期まで看取るということも納得することにつながります。目の前で亡くなるのを見ていたため、喪失の事実を否定する期間が短くなり、グリーフのプロセスを促進することになるのです。ペットの最期に立ち会ったある飼い主さんは、「可哀想で臨終には立ち会いたくないという気持ちもあったのですが、やはり家族全員に看取られたかったのではと思います。それに命を引き受けたからには、最期までしっかり見届けてあげることが家族としての責任」とおっしゃっていました。辛《つら》いけれども最期まで看取るという責任を果たし、すべてをやりきったという気持ちも抱くと推測されます。もちろん、最期まで看取っても悲しみが続く方もいらっしゃいます。

中には入院していた、臨終に間に合わなかった等の理由で最期を看取れない場合もあります。そうなると、「自宅で看取ってあげられなかった」「抱っこして逝かせてあげられなかった」と後悔する場合もあります。

その核にあるのはやはり罪悪感で、大切なわが子のようなペットを亡くしたやりきれなさはどうしようもなく、してあげられなかった自分を責めてしまうのです。

しかし、してあげたことも充分あったでしょう。なぜ言い切れるかといえば、あなたのペットを喪失して悲しみに暮れる姿、自分を責めるその姿がそれを証明しています。一生懸命養育し、愛情を注がなければそのように悲しむことも苦しむこともないはずです。してあげられなかったことより、してあげたことが大きく上回るのではないでしょうか。少しでもいいので、ご自身がペットにしてあげたことに目を向けてみてください。不安を取り除くために優しく体を撫《な》でてあげたこと。病気になると急いで病院に連れていき、看病してあげたこと。おいしいご飯をあげたこと。一緒にでかけて遊んだこと。そのときのペットの様子も思い

出してください。あの子は幸せそうに笑っていませんか。

飼い主さん自身の方法で、納得いくこといかないことがありつつも、意味づけをしたり保留にしたり、様々に心の中で折り合いをつけていきます。それはペットを忘れてしまうことではなく、心の中にペットが生き続けることでもあるのです。亡くなった後も確かに存在するペットの姿を思い、関係を再び築いていくのです。

「あの子は亡くなった母と再会して、元気なころと同じように新聞をくわえてきたり、肩たたきの真似事をしたりして遊んでいると思います」

ペットを亡くした方が実際に話してくれました。ペットが亡くなった後の幸せなイメージは、飼い主さんの表情をとても穏やかなものにしていました。

「精一杯、できる限りのことをしてあげた」

「あの子がうちに来て、あの子も私たちも共に幸せだった」

一緒に暮らしていた時から今も未来も続く、ペットとの愛情あふれる絆《きずな》は、逝ってしまった彼らの穏やかで幸せなイメージを形成する手助けとなり、それは回復・適応への大きな道しるべになるのです。

MEMORY

6

VARIOUS FUNERALS

様々な見送りの方法

ペットを亡くした時に、家族の希望どおりの葬祭を行い「さようなら」の機会を作ることは、気持ちに区切りがつけやすくなり、グリーフの過程を促進することに役立ちます。

日本動物葬儀霊園協会（社）によれば、ペットの葬儀、火葬、霊園、供養を総称して動物葬祭と位置付けているようです。ペットとのお別れにはどのような方法があるのでしょう。

ペットは家族。ペットのために葬祭をするのはもはや当たり前になってきました。ペットのための葬儀、ペット（もしくは人の）霊園に埋葬して、家の中に仏壇もしくは弔う場所を備えることも多くなってきました。

ペットは人の葬祭よりも制約が少なく自由度が高いため、飼い主の思いが強く反映され個別性も高いようです。人の葬祭では制約があり実現が難しかった新しい葬祭も出てきました。ペット葬祭は主に次の三つに分類できます。宗教と紐《ひも》づけたペット葬祭、宗教不問のペット葬祭、新しい形式のペット葬祭です。新しい葬祭にはペットの遺骨を真珠の核に

して時間をかけて真珠にする、その過程を経て弔う真珠葬などもあります（右ページ写真）。

私も一度、真珠を取り上げる際に立ち会わせていただきました。様々な色や形をしている真珠は貝を開けるまではどのような色や形になるかわかりません。

ある飼い主さんは、貝を開けた刹那《せつな》、

「私が好きな色になってくれた」

と涙と共に言葉を発しました。飼い主さんとペットのあらたな絆《きずな》に出《で》逢《あ》った瞬間でした。海の中で約一年の歳月をかけて真珠に生まれ変わるプロセスが、（前章で述べた）悲しみが和らぎあらたなペットとの関係が生まれていくプロセスと相まって、グリーフから回復を促すサポートになるのではないかと思います。

人の葬祭の場合は、本人の意思や家が信心している宗教に則《のっと》って行うか、葬祭社を利用します。しかし、ペットの葬祭は一から探さなければなりません。飼い主の悲しみを慰めてくれる納得のいくところを選ぶことが望ましいのはもちろんです。

動物病院からの紹介もあります。ある病院では飼い主さんからスタッフに紹介を求められた時に、いくつかのペット葬祭を提示するようにしているそうです。闘病期に紹介するのは憚《はばか》られますし、亡くなった直後は飼い主さんの動揺が大きく、かえって悲しみに追い打ちをかけるかもしれない。そのため、病院から提示するタイミングはなかなか難しいようです。ペットを見送ったことのある、ペット仲間や友人知人の紹介も多いと葬祭社のスタッフはいいます。

どのような形式で行ったとしても、それはペットを偲《しの》んで家族やそのペットのことを知っている友人たちと悲しみを分かち合う貴重な時間となります。親しい人たちと共有することで悲しみは軽減します。また、共に寄り添ってくれる存在が、飼い主さんの回復・適応へのプロセスを促すサポートになるでしょう。

ペットの思い出を共有したい時に、共有したい人と一緒にペットの写真や動画を見たり、楽しいエピソード（一緒に過ごしたこと、かわいかったこと、おりこうだったこと、おもしろいエピソードなど）を語りあったりすることも、ペットと再会できる機会となり、ペットの存在を意識し、これからも続いていく絆を感じられるでしょう。

前述の真珠の他にも、ペットの毛や遺骨をペンダントやオブジェなどに形を変えて形見として傍《そば》におく飼い主さんもいます。愛用していた首

輪やリード、おもちゃなども形見にあてはまります。形見の品は亡くなったペットを具現化し、飼い主とつなげてくれる糸のようなものかもしれません。不安や悲しみに襲われた時、その形見に触れることで一緒に暮らしていた時と同様にペットは飼い主さんに安心感を与え心の支えになってくれるのでしょう。もちろん、形見を見ると思い出して辛《つら》くなる飼い主さんもいますから、形見から派生する感情は人それぞれであり両価的な意味を持つものです。

ペットの写真を飾り、形見と一緒にフードやお花をお供えする場を整える方もいます（亡くなった後も花屋さんでペットのための花を選び、花瓶に活《い》けて供える。その間、ペットのそばにいる、何かしてあげられる、と感じて心が落ち着くのだそうです）。

さらにはお骨を海や川、山などに散骨する飼い主さんもいます。どれもペットの象徴のような形見や場所を創るという心を癒《いや》すやり方かと思います。そうやって心の中でペットに話しかけ思いを馳《は》せることで、そこは飼い主さんとペットをつなぐ大切な場所となり、悲しみを和らげる手助けとなるでしょう。

葬祭のやり方に決まりごとはありません。飼い主さんがペットのためにやってあげたいこと、それが最良の方法なのです。

7

SUPPORT FOR RESTORATION
AND ACCEPTANCE

回復・適応へのサポート

時間の経過と共にペットを亡くした方の悲しみや苦しみは、徐々に和らいでいきます。しかしいつか時が癒《いや》してくれるとしても、喪失の悲しみに寄り添い、回復へのプロセスを促すサポート（グリーフケア）を受けることは、飼い主にとって有用なことです。

前述したように、ペットロスのグリーフケアは、ペットが亡くなってから受けられればよいというものでもなく、ペットの病気が発覚したり余命が迫るなど、飼い主さんがペットを喪《うしな》うかもしれない不安を感じ始めた時、必要に応じて始めていいのです。

時に、グリーフから回復へのサポート、さらには回復した後に及ぶ包括的なケアが必要となる場合もあります。

グリーフケアは、心の専門家（精神科、心療内科、心理相談室など）や、グリーフケアの研修や訓練を受けた人が行います。また、ペットロスを経験した人たちがお互いに支え合う自助グループ（セルフヘルプグループ）もあります。もちろん、家族、友人、ペット仲間、最期を看取《みと》った動物病院の獣医師、愛玩《あいがん》動物看護師、ペットセレモニーを担当したペット葬祭スタッフなどもグリーフケアの提供者となるのです。そして、このように身近な親しい人々が支えとなる場合が最も多いのです。

心の専門家はグリーフケアの知識やスキルを備えていると考えられます。しかし、前述したようにペットロスは周囲に理解され難い悲嘆にあたることが多いため、心の専門家にも理解してもらえないこともあります。

ある時、グリーフケアの講演会を聴講しました。ペットを喪った飼い主さんのグリーフケアにも役立つ知見が満載で、感銘を受けた私は、講演会終了後、その講演者に挨拶《あいさつ》とお礼に伺いました。その方は初対面にもかかわらずとてもにこやかに応対してくれ、私に何を研究しているのかを尋ねられました。私がペットロスの研究をしていると告げた途端、みるみるうちに表情が変わり「一緒にしてほしくない」と怒鳴られました。私は何が起こったのかわからず、呆然《ぼうぜん》と立ち尽くしてしまいました。そのあとも強い口調で何かをいわれていたようでしたが、ショックで頭に入ってきませんでした。ようやく私は冷静さを取り戻し、反芻《はんすう》し理解しました。要するに人とペットの喪失を同様に扱ってくれるな、という意図を訴えているようでした。人と動物の命に関する議論をふっかけたわけでもなく、たんにペットロスの研究をしていると伝えただけでした。あまりの理不尽さに悲しみと怒りを感じました。

その他にもペットの研究をしているというと、「動物は嫌い」と一蹴《いっしゅう》されたことも少なくはありません。これらのように、理解されないことはよくあります。私は憤りを感じたと同時に、飼い主さんの中にはこのような理不尽な経験をされている方も少なくない、私は飼い主さんたちの押し込められた悲しみ、世間の無理解な態度を受けた時の感覚を追体験しているのだ、と実感しました。対象喪失に伴う哀しみは、個人が経験する内的な世界のものであるので、自分以外の他者がとるに足らぬものとみなすべきではなく、どのような対象の喪失も尊重されるべきであると思います。悲しみの比較や判断はするべきではないのです。

話を戻しますと、ペットを喪って自分だけの力では立ち直ることが困難で、日常生活もままならない場合は、心の専門家に相談してください。

不眠や食欲減退、気分の落ち込みなどで生活に支障が出るほどの場合は、躊躇《ちゅうちょ》せずに精神科や心療内科の受診が望ましいです。病院では、精神科医や心療内科医による精神療法と薬物療法の治療を行います。医師が治療する場合は基本的に保険診療適用になります。

ペットロスのグリーフカウンセリングを希望する場合は、臨床心理士（日本臨床心理士資格認定協会）や公認心理師（国家資格）の資格を持ったカウンセラーのカウンセリングをお薦めします。臨床心理士は認定資格ですが、公認心理師に先行した資格で、カウンセリングの知識と技能を備えている保証があります。カウンセリングを受ける場合は、これらのような心理の資格を持ったカウンセラーに相談するのがいいかと思います。カウンセラーのカウンセリングは基本的に自費診療になります。このようなカウンセラーならば、グリーフカウンセリングを行うことができます。

出会った専門家がもしペットロスに理解のない人だったら、すぐに別の専門家に替えてください。専門家としては優秀でも、ペットへの偏見をぬぐえない方もいるのです。「ペットは家族の一員である」と理解し寄り添ってくれる専門家を探してください。

MEMORY

8

EMPATHY FOR YOUR LOSS

ペットロスの悲しみに寄り添う

周囲の人々の基本的な心構えは、ペットを喪《うしな》った人の気持ちに共感し、その気持ちを受容することです。共感とは、相手の立場に立って相手が感じていることを、そのまま感じ取ることです。受容とは相手を尊重し、ありのままにしかも、肯定的に受け入れる態度のことをいいます。

それとは逆効果な態度とは、相手に対して指示的で判断を下すような関わりをいいます。

たとえば、慰めようとして「そんなに悲しんでいると、亡くなったペットが悲しみますよ」とかけた言葉は、時に、飼い主から悲しむ場所を取り上げて追い詰めることにもなります。飼い主には存分に悲しめる場所が必要なのです。安心して悲しみを表現できる場所で感情を吐露することは、グリーフのプロセスを促すことにとても役立ちます。周囲の人は、できる限りその悲しみに寄り添うことが重要です。

また、慰めとして「また新しいペットを迎えればどうですか」と薦めることがあります。実際、迎えいれることでペットを喪失した悲しみが和らぐことがあります。しかし、当の本人はそのペットの代わりはいないと思っていますし、新しいペットに愛情を注ぐことは亡くなったペットへの裏切りだと感じる場合もありますので、当の飼い主が希望するまではこのような言動はなるべく避けたほうがいいと思います。**次のペットを迎えるタイミングは人それぞれです。**基本的にはペットロスのグリーフから回復・適応した時に、そして本人の希望がある時に新しいペットを迎えるのがよいかと思います。

たから
もの

ペットを亡くした方は、ペットとの思い出を誰かに聞いてほしいと思う時があります。その方からすれば、大切なペットは心の中に生きていて、そのかわいらしさや賢さ、一緒に過ごした素晴らしい日々を誰かと共有したいと思っているのです。

グリーフケアを行う人は、その唯一無二の大切なペットとの物語を尊重して理解者として寄り添うことができれば、喪失の悲しみから回復に向かう大きな手助けとなるでしょう。

9

TUNNEL OF GRIEF

悲しみのトンネル

「こんなに愛《いと》しい存在といつか別れる日がくる」

それは素晴らしい日々を共に生きる宿命でもあります。

喪《うしな》った瞬間は、誰もが「悲しみが消えることはない」と思う。しかし圧倒されるようなその悲しみからも、解放されていきます。自分の中に悲しみを包み込んで、生きていけるようになります。

ある学術大会で私は、所属する「死生心理学研究会」が主催するラウンドテーブルに参加しました。数名の先生の講演のあと、その先生方のグループに分かれて、大学における死の教育についての討論が行われました。

私は、河野由美《こうのゆみ》先生（畿央大学教授で看護の教育をされている）のグループを選択しました。そのグループのメンバーの一人が、もしも死期が迫った患者さんから「死んだらどうなるのか？」と聞かれたらどう答えますか？　と河野先生に質問しました。それに対して先生は、「長年、病院で看護師として働いているけれど、なかなかいい答えはできない」と正直におっしゃり、代わりにある尼僧の方のお話をされました。

「実際に死期が迫った方から同じような問いをされたその尼僧さんは、こうお答えになったそうです。『死んだことがないからわからないけど、おじいさんおばあさん、亡くなったみんなが逝くところ。私もいずれ逝く』と」

それを聞いて私は、素直に「（死んでも）独りじゃないんだ」と思い目頭があつくなりました。

あの世は誰にもわかりません。様々な宗教や死生観が死後の世界をイメージしていますが、誰も死を経験してこの世に帰還していないので、それが正しいのか正しくないのか証明できません。ただ、**亡くなった大切な人やペットたちが先に逝って待っていてくれる場所、いつか自分も逝く場所、という考え方は自然で**、どのようなところであれ、力強く支えられる気がします。

ペットが逝ったあの世のイメージが肯定的なものであれば、飼い主の心はずいぶんと慰められます。そしてそれは、グリーフのプロセスからの回復・適応に向かうサポートになります。

ペットを亡くした多くの飼い主さんの心のよりどころとなっている、ペットが逝くときのイメージ、「虹《にじ》の橋」の詩は有名なもので知っている方も多いでしょう。そこで「もし死後の世界があるとしたら」という前提で、ペットを亡くして八年以上経過した人を対象に、あの世にいるペットとこの世にいる飼い主との関係をイメージして、記述してもらいました。その結果、主に次の四つに分類されました。

1 傍《そば》にいて、ずっと見守ってくれている
2 空から見守ってくれている、虹の橋を渡って暮らしている
3 たくさんの友達や他の亡くなった子たちと遊んで仲良くしていてほしい
4 リードや病気から解放されて、天国では自由に駆け回っていてほしい

この結果から、ペットは亡くなった後も自分の傍《かたわら》にいて見守ってくれる存在として、心のよりどころとなっていることがわかります。また、生前のペットへの愛情はペットが亡くなったあとも続いており、あの世での幸せを願うことにつながっていました。そしてこの調査でも「虹の橋」のイメージが反映されていました。

ペットを亡くした方は、ペットとのあらたな関係を模索し自分なりの物語を紡いでいきます。その物語は当事者が、時間をかけて自問自答しながら構築していきます。ときには信頼し安心できる聞き手がいると、その物語が肯定的な方向に進む手助けになると考えられます。それは十人十色でありオリジナルの物語です。

「蝶《ちょう》になって会いにきてくれた」
「現れた虹を見て、あそこにあの子がいると思った」
「夜空の星の中のひとつを見て、あの子だと思った」

自然のあちらこちらに亡くした大切な存在がいる。その真偽は重要ではありません。あなたが直感で信じたことこそが真実なのです。悲しみを和らげるあなただけの特別な物語を、穏やかに受け入れてください。

またペットの思い出を話したい時、信頼できる人に話してください。その瞬間はペットが生きているように感じる。それでいいのです。**ペットは決して消えてなくなったわけではありません。**あなたの中にも、あなたの親しい人たちの中にも、あなたの大切なペットは存在しているのです。

MEMORY

10

LIGHT AT THE END OF THE TUNNEL

トンネルの先に

ペットを亡くした悲しみに効く特効薬や近道はありません。ただいえることは、ペットと一緒に暮らしている時に精一杯の愛情を注いで一緒の生活を楽しむ。できる範囲で、できる限りのこと（世話やケア、一緒に過ごすなど）をしてあげることです。

ペットを喪失した時に大きな支えとなるのが、飼い主とペットの絆《きずな》なのです。そのペットとの大切な思い出が悲しみを和らげる大きな力になるのです。

何度も書きましたが、ペットを喪失した悲しみや心の痛みは、飼い主さんの愛情の証《あかし》なのです。ペットと築いてきた愛情関係や絆が、ペットロスからの回復・適応を助け、人格的な成長を促し、亡くなったペットとの絆を結んでくれます。ペットは亡くなっても、そのペットが完全に消滅することはありません。その人の心の中に生きていて、思い出すといつでも会える、穏やかな気持ちにしてくれる、困った時や辛《つら》い時に慰めてくれるような存在となっていくのです。

ペットロス経験による人格的成長とはどのようなものなのか、飼い主さんたちの実際の声です。

「ペットは人生の喜びをもたらしてくれた」

● 共に生活したことによって家族が一体となり、とても楽しくいつもペットを通して話題が豊かになり、家庭の中があたたかい状態でした。また、会いたいと思います。

● とても良い時を過ごすことができ、とても感謝しています。今でも写真を見て時々話しかけています。

● ペットと暮らすことの楽しさ、大切さを実感しています。

● めぐり逢《あ》えたことは私の人生の宝物です。

● 共に暮らした十数年間、自分たちの人生に寄り添ってくれたのだと感謝しています。

「生きること、老い、死を教えてくれた」

● 身近に老いや死というものを、リアルに感じたことがあまりなかったのですが、誕生して成長し大人になり、そして年老いていきやがて死を迎えるということが、いかに自然なことかを教えてもらった気がします。

「子どもの情操教育につながった」

● 子どもたちも命の大切さを充分に感じていました。

● ペットを喪《うしな》うショックが子どもに精神的な影響を及ぼすのではと心配だったが、小さな命を大切にする気持ち、動物に対する深い思いやりをますます持つようになりました。

● 子どもたちが、ペットの出産、子育てを経験する中で、育てる喜びと別れの悲しみ、豊かな情感を感じ取っている様子がよくわかりました。

「成長させてくれた」

● ペットがきっかけで資格を取るために勉強を始めました。その間にペットが亡くなったのですが、いちばん応援してくれていると感じ頑張りました。ペットにつくってもらった道です。

● テレビなどで、人や動物が亡くなった事件を見ると、残された人のことまで考えるようになりました。

大切な対象との別れは、誰もが避けられない苦痛に満ちた経験ではあるけれども、そこから人は発達・成長します。

● ペットが与えてくれた深い愛情を実感する
● 互いに深い感謝を感じる
● 互いの命の大切さを実感する
● 他者への悲しみの共感性が増す

これはペットがくれた大切な贈り物であり、哀しみの果てに得たものであるということです。

ペットとの絆はペットが亡くなったからといって、消えるわけではなく止まるわけでもなく続いていくもの。目の前に存在はしないけれども形が変わり、確かに存在を感じるもの。

思い出から新しいことも見つかる場合もあります。たとえば、「辛かった時、そっと寄り添ってくれた」「私が喜ぶと一緒に喜んで飛び回ってくれた」など、見つけられるものがあるかもしれません。また、「散歩で見かけると幸せな家族だなと思っていた」「あの子はあなたにそっくりだった」など、第三者に言われてすとんと心に落ちることもあります。このような新しい気づきも組み込んで、ペットとの絆は続いていきます。

でもやっぱり、目の前にいない、触れることができないと、その事実に悲しくなってしまう。

　その繰り返しかもしれません。そんな時、思い浮かぶのは、ペットの笑っている姿、こちらをじっと見ている瞳《ひとみ》、あなたとペットとの特別な絆が、悲しみを和らげてくれる心のお守りとして、あなたの中にこれからも息づいていくでしょう。

あとがき

「亡くなったペットに、今何を伝えたいですか」と尋ねると、多くの飼い主さんが「一緒にいてくれてありがとう」といいます。溢《あふ》れ出すペットへの感謝の気持ちも、心の支えになるのです。

大学時代に獣医学を学んでいた私は、ペットを亡くして嘆き悲しんでいる飼い主さんたちと出会い、そのサポートをしたいと思いました。そのためには人の心理を学ぶ必要があると考えて発達心理学専攻の大学院に進学し、そしてペットロスについて深く理解しペットロスの効果的なサポート方法を見つけるためには、人とペットの関係の研究が必要だと考えてその道に進んだのです。

この本を手に取った飼い主さん。あなたの気が遠くなりそうな悲しみは、あなたがペットに対して愛情を注いだ証《あかし》です。自分以外の存在に愛情を注ぎ、自分よりも大切にしたいという思いを抱けるという、素晴らしい人間の特質ゆえです。

時々「ペットロスのカウンセリングや研究をしていて、辛《つら》くないですか?」と、問われることがあります。たしかに、大切なペットを喪《うしな》ったご家族との面接は深い悲しみに満ちており、圧倒されるような悲しみや現実への怒りの発露に対しては、共にいる私もなすすべもなく、痛みから救われる方法はないのではないかと絶望感に苛《さいな》まれてしまいます。しかし、希望などないと思われる真っ暗闇の中、唯一の光があります。それは、ペットと暮らしていた時も亡くなった今も、飼い主さんが注ぎ続けているペットへの深く純粋な愛情です。その愛情に照らし出された飼い主さんとペットとの続いていく絆《きずな》が、この深い闇から救いの手を差し伸べてくれるのです。

私は、『人とペットの心理学　コンパニオンアニマルとの出会いから別れ』（北大路書房）という本でペットロスについて三章にわたり概説していますが、これは専門書に近い本ですので、一般の方にも読みやすいペットロスに関する本を出版したいと考えました。ペットを亡くされた方は救いを求めてインターネットで検索したり書籍を読んだりするかと思います。しかし、中には間違った内容のものや現実的ではないものもあり、飼い主さんを混乱に陥れます。また、ペットロスに関する本は少なく、あったとしても心の専門家が執筆した本はほとんどありません。

ペットを亡くされた方々が手に取りやすく、ペットロスの正しい知識が書いてあり、悲しみを癒《いや》す手助けになり、ペットロスのサポートに関わる人々（獣医師、愛玩《あいがん》動物看護師、保育士や教師、動物葬祭スタッフ等）が対応するときに十分参考になるような本を出版したいと考えました。

しかし、負のイメージをまとうペットロスについて出版は難しい状況でした。そんな中、「ペットが家族として広く認知されている今の時代に、ペットロスをサポートする本は絶対必要です。そして、ペットロスについて人々の理解が深まり、あたたかく見守ってくれるような寛容な社会になってほしい」という志を同じくした編集者の岡山智子《おかやまさとこ》さんに出会い出版が実現したのでした。

最近では、被災した人がペットと離れ離れになることが大きな問題となっています。有事の際は人が優先されペットの救出は後回しにされてしまうことが少なくありません。そのことを批判できませんが、「ペットは誰かの大切な家族である」ということに思いを巡らせる世の中になることで、その場に立ち会った人の選択がペットの命を救うことになるかもしれません。

ペットにも優しい世の中は、多様性を認め誰一人取り残さない優しい世の中でもあると思うのです。

濱野佐代子（はまの　さよこ）
日本獣医生命科学大学獣医学部獣医学科教授・博士（心理学）。獣医師、公認心理師、臨床心理士。同大学獣医学科卒業。白百合女子大学大学院文学研究科発達心理学専攻博士課程単位取得満期退学。帝京科学大学教授などを経て現職。放送大学客員教授。専門は人と動物の関係学・生涯発達心理学。編著書に『人とペットの心理学　コンパニオンアニマルとの出会いから別れ』（北大路書房）、共著に『日本の動物観　人と動物の関係史』（東京大学出版会）、分担執筆に『愛玩動物看護師の教科書　第6巻 愛護・適正飼養学』（緑書房）、『新 乳幼児発達心理学［第2版］　子どもがわかる　好きになる』（福村出版）、『子育て支援に活きる心理学　実践のための基礎知識』（新曜社）など。

協力：帝京科学大学附属動物病院
一般社団法人日本動物葬儀霊園協会
P64写真提供　ウービィー株式会社（「真珠葬」より）
参考：『はじめての死生心理学　現代社会において，死とともに生きる』（新曜社）川島大輔・近藤 恵 編

事例内容はプライバシー保護のため、個人情報を除いて作成しています。

「ペットロス」は乗《の》りこえられますか？　心《こころ》をささえる10のこと

2024年6月20日　初版発行

著者／濱野《はまの》佐代子《さよこ》

発行者／山下直久

発行／株式会社KADOKAWA
〒102-8177　東京都千代田区富士見2-13-3
電話 0570-002-301（ナビダイヤル）

印刷・製本／図書印刷株式会社

●お問い合わせ
https://www.kadokawa.co.jp/（「お問い合わせ」へお進みください）
※内容によっては、お答えできない場合があります。
※サポートは日本国内のみとさせていただきます。
※Japanese text only

定価はカバーに表示してあります。

ISBN 978-4-04-114926-3　C0095